RÉPUBLIQUE FRANÇAISE

MINISTÈRE DE L'AGRICULTURE

Chaire d'Agriculture du Département de Constantine

RAPPORT

SUR

LES CHAMPS DE DÉMONSTRATION ET D'EXPÉRIENCES

EN 1889-1890

PAR TH. BAUGUIL (O. M. A.)

MÉDECIN-VÉTÉRINAIRE,

PROFESSEUR DÉPARTEMENTAL D'AGRICULTURE

CONSTANTINE

IMPRIMERIE ADOLPHE BRAHAM, RUE DU PALAIS

1890

RAPPORT

DE

M. LE PROFESSEUR DÉPARTEMENTAL D'AGRICULTURE

SUR LES

CHAMPS DE DÉMONSTRATION

MESSIEURS,

Conformément aux instructions de M. le Ministre de l'Agriculture et à la délibération du Conseil général prise dans sa session d'avril 1889, des champs de démonstration ont été créés dans les arrondissements : 1° de Bône ; 2° de Guelma ; 3° de Batna ; 4° de Constantine ; 5° de Sétif ; 6° de Bougie.

Tous ces champs, destinés à montrer aux cultivateurs les avantages d'une culture progressive, basée sur des données scientifiques, ont été placés sous le contrôle et la direction des Sociétés agricoles du département, tant au point de vue cultural qu'au point de vue financier ; le Professeur d'agriculture s'est borné à indiquer le programme des travaux à exécuter, programme que toutes généralement ont suivi.

La surface des champs de démonstration a été prise presque partout d'un hectare divisé en deux parcelles : l'une constituant le véritable champ de démonstration, l'autre le champ témoin.

La première avait reçu des façons préparatoires, des fumures, des engrais spéciaux, tels que : phosphates naturels, compositions fertilisantes particulières provenant de la maison Schlœsing. Ces engrais étaient répandus à la volée deux jours avant les semailles, puis recouverts à la herse.

La deuxième a été cultivée à la méthode indigène, c'est-à-dire sans labours préparatoires, sans avoir été fumée ; les semailles y ont été faites à la volée, sur labour superficiel, comme les exécute le khammès arabe.

L'analyse des terres (sol et sous-sol) a été faite par M. Mathieu, agrégé de l'Université, professeur de chimie au Lycée de Constantine.

M. l'Inspecteur d'Agriculture en Algérie m'avait fait espérer que ces analyses pourraient être faites gratuitement en Algérie ; la chose n'a pas été possible, les règlements ministériels s'y opposant ; c'est pour ce motif que les analyses ont été faites tardivement et alors que les ensemencements étaient déjà terminés.

ARRONDISSEMENT DE BÔNE

Champ de démonstration de Bône

Directeur : M. Hügel, *Président du Comice agricole de Bône.*

Ce champ de démonstration a été établi dans la propriété de M. de Valence, à Duzerville, non loin de la gare et dans une terre argilo-siliceuse, mi-perméable, en jachère pendant l'année agricole 1888-1889.

L'étendue du champ était d'un hectare ; il avait été divisé en deux parcelles longitudinales de 50 ares chacune.

Altitude : 42 mètres.

Orientation du champ : du sud au nord.

Pente du sol : $0^{m}02$ environ par mètre.

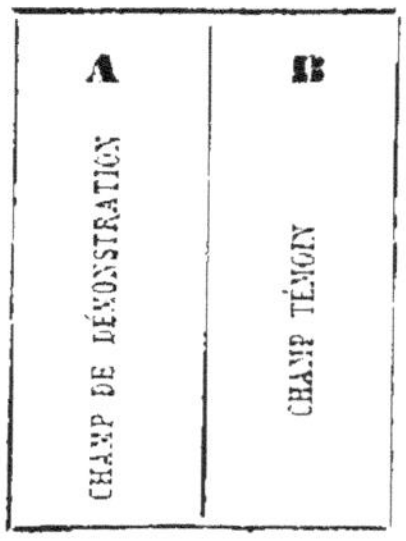

A	B
CHAMP DE DÉMONSTRATION	CHAMP TÉMOIN

Les deux parcelles ont été ensemencées de blé dur indigène, dit adjini ; la première, A, avait reçu un labour de printemps et un labour d'automne, profonds d'environ $0^{m}18$; 15,000 kilos de fumier de ferme y avaient été enterrés au moment du premier labour ; deux jours avant les semailles, 200 kilos de phosphates de chaux fossiles provenant de Souk-Ahras y avaient été jetés et recouverts par la herse ; le blé y avait été semé au semoir Hurtic, à la dose de 46 litres pesant 38 kilos 18.

La parcelle B, champ témoin, n'avait reçu ni fumure, ni engrais et fut labourée superficiellement au moment des semailles.

Epoque des semailles. — Dans les deux pièces, le 14 décembre, le surlendemain d'une pluie fine ayant fortement détrempé le sol.

Levée. — Elle eut lieu, dans les deux parcelles, le 30 décembre.

Végétation. — La végétation se montrait vigoureuse en janvier et février, surtout dans la parcelle A.

Lorsque survinrent les pluies abondantes et continuelles de fin février et mars entier, le champ fut, par suite, comme la plupart des terres avoisinantes, complètement noyé et la récolte perdue.

M. Hügel estime qu'une culture expérimentale de pommes de terre et de betteraves serait préférable, dans la région de Bône, à celle des céréales; il sera tenu compte de son désir pendant l'année agricole 1890-1891.

ARRONDISSEMENT DE GUELMA

Deux champs de démonstration ont été créés dans l'arrondissement de Guelma : l'un à Héliopolis, l'autre à Souk-Ahras.

Champ de démonstration d'Héliopolis

Directeur : M. Guiraud.

Ce champ de démonstration a été établi avec le concours éclairé et dévoué de M. Guiraud, Secrétaire du Comice agricole de Guelma, ancien élève de l'École nationale d'agriculture de Montpellier et dans sa propriété, à Héliopolis Il était situé en bordure et à droite de la route très fréquentée qui conduit de Guelma à Héliopolis.

Altitude : 240 mètres.

Orientation du champ : nord-est.

Pente du sol : 0m03 environ par mètre.

Surface du champ : 1 hectare divisé en 4 parcelles de 25 ares chacune.

L'analyse du sol et du sous-sol a donné les résultats suivants (par 1 kilogramme) :

ANALYSE MÉCANIQUE

DÉSIGNATION	Sol jusqu'à 0m18 de profondeur	Sous-sol de 0m18 à 0m31 de profondeur
Pierres et gravier	280	188
Terre fine	720	812
	1.000	1.000

ANALYSE PHYSIQUE

	Sol	Sous-sol
Sable	819	775
Argile	36	53
Calcaire et éléments non dosés, par différence	145	172
	1.000	1.000

ANALYSE CHIMIQUE

	Sol	Sous-sol
Azote total	1g32	1g51
Acide phosphorique	0g302	0g578
Potasse	1g641	1g680

Cette analyse montre que le sol du champ de démonstration d'Héliopolis est assez riche en azote, en potasse et en chaux, mais pauvre en acide phosphorique. La teneur moyenne de ce dernier élément dans une terre moyennement fertile devant s'élever à 1 gramme pour 1,000, d'après M. Müntz, et à 1g50, d'après M. Schlœsing.

A	CHAMP DE DÉMONSTRATION BLÉ
B	CHAMP TÉMOIN BLÉ
C	CHAMP DE DÉMONSTRATION ORGE
D	CHAMP TÉMOIN ORGE

Epoque des semailles. — Dans chacune des 4 parcelles, le blé et l'orge ont été semés à la volée le 5 janvier. La semence blé était formée par un mélange d'esdouni, de beliouni et d'adjini (blés durs semouliers) ; l'orge était de provenance indigène (région de Guelma).

Opérations culturales. — Toutes les parcelles avaient été fumées à raison de 7,500 kilogrammes chacune ; A et C avaient, en outre, reçu chacune 100 kilos de phosphates fossiles de Souk-Ahras contenant 37 pour 100 de phosphate de chaux ; dans la parcelle A, la semence avait été vitriolée.

Levée. — La levée a eu lieu pour le blé le 22 janvier et pour l'orge le 18, aussi bien dans les parcelles de démonstration que dans celles témoins.

Epiage. — S'est effectué pour l'orge le 8 avril et pour le blé, le 25 du même mois.

Floraison. — Le blé de la parcelle A était en pleine fleur le 10 mai, alors qu'elle s'est montrée irrégulière et seulement le 18 mai, dans le champ témoin B. L'orge, dans les deux parcelles C et D, a fleuri régulièrement le 25 avril.

Végétation. — La végétation, dans les parcelles A et B (blés), s'est montrée normale pendant les mois de janvier et février, languissante en mars, très bonne en avril et en mai. Dans les parcelles C et D, l'orge a beaucoup souffert des pluies pendant février et mars, mais s'est relevée en avril.

Résultats obtenus. — Dans la parcelle de démonstration A (blé), le rendement s'est élevé à 6 hectolitres 40, pesant 535 kil. 04 avec un rendement en paille de 1,300 kil., soit à l'hectare 25 hectolitres 60 de grains pesant 2,140 kil et 5,440 de paille, aux prix, pour le grain de 22 fr. les 100 kil , soit 470 fr. 80 et de 3 fr. pour la paille, soit 163 fr. 20. Total du produit brut 470 fr. 80 + 163 fr. 20 = 634 fr. ; somme de frais à déduire 91 fr. 40. Reste : 542 fr. 60. Il va sans dire que dans ce chiffre de 91 fr. 40, ne sont compris que les frais d'achat et d'épandage des fumures et engrais. Le champ témoin B a donné 5 hectolitres 60 pesant 4,682 kilos avec un rendement en paille de 970 kilos, soit à l'hectare 22 hectolitres 40 pesant 1,872 kilos et 3,880 kilos de paille, aux prix de 22 fr. les 100 kilos pour le grain, soit 411 fr. 84 et de 3 fr. pour la paille, 116 fr. 40 ; total du produit brut : 528 fr. 24 ; à déduire : 46 fr. 40 pour frais de fumure. Reste : 528 fr. 24 — 46 fr. 40 = 481 fr. 80. Le champ de démonstration bénéficie par suite de 542 fr. 60 — 481 fr. 80, c'est-à-dire de 60 fr. 70.

Orge. — Champ de démonstration C. — Produit brut : 8 hectolitres 60, pesant 558 kilos 14, soit à l'hectare : 34 hectolitres 40, pesant 2,233 kilos au prix de 10 fr. les 100 kilos = 223 fr. 35. Paille, 1,216 kilos, soit à l'hectare : 4,864 kilos, à raison de 3 fr les 100 kilos = 145 fr. 92. Total du produit brut à l'hectare : 223 fr. 35 + 145 fr. 92 = 369 fr. 27 ; à retrancher 85 fr. 40 frais d'achat et d'épandage de fumure et d'engrais, reste 283 fr. 87.

Champ témoin D. — Produit brut : grain 7 hectolitres 53 pesant 481 kil. 16, soit à l'hectare 30 hectolitres 12 pesant 1924 kil. 60 donnant à raison de 10 fr. les 100 kilos : 192 fr. 46. — *Paille* : 1,099 kil., soit à l'hectare 4,396 kil. à 3 fr. les 100 kilos = 131 fr. 88 ; total du produit brut : 192 fr. 46 + 131 fr. 88 = 324 fr. 34 ; à déduire 46 fr. 40 frais de fumure et d'épandage, reste 277 fr. 94.

Bénéfice du champ de démonstration sur le champ témoin : 283 fr. 87 — 277 fr. 94 = 5 fr. 93. Il faut attribuer cette différence légère entre les produits nets donnés par les deux parcelles, à ce que toutes deux laissées en jachère en 1888-1889, avaient été néanmoins fortement fumées : d'autre part, le phosphate de chaux épandu en 1889 dans la parcelle C n'avait pas encore eu le temps d'être suffisamment assimilable pour produire son effet fertilisant ; mais on remarquera cependant que déjà les rendements en grain et en paille sont sensiblement plus élevés dans les champs de démonstration que dans la parcelle témoin ; ces résultats seront bien plus marqués en 1891, alors que les effets des fumures et des engrais donnés en 1889 produiront réellement leurs effets et que ces fumures n'étant pas renouvelées n'entraîneront pas de frais.

Champ de démonstration de Souk-Ahras

Directeur : M. Barbier,

Conseiller général, Président du Comice agricole.

Le champ de démonstration du Comice agricole de Souk-Ahras était situé dans un terrain communal, à environ 800 mètres de la ville, à l'embranchement de deux routes, dont l'une conduit à Tunis.

Altitude : 700 mètres.

Orientation du champ : de l'est à l'ouest.

Pente du sol : $0^{m}04$ par mètre.

Surface du champ : 50 ares divisés en deux parcelles de 25 ares chacune.

L'analyse du sol a donné les résultats suivants (pour un kilogramme) (1) :

---

(1) L'échantillon du sous-sol, par suite de circonstances particulières, n'a pu être adressé par M. Barbier.

ANALYSE MÉCANIQUE

DÉSIGNATION	Sol jusqu'à 0,18 de profondeur
Pierres et gravier........	260
Terre fine..............	740
	1.000

ANALYSE PHYSIQUE

Sable..............	530
Argile........	39
Calcaire et éléments non dosés, par différence...............	431
	1.000

ANALYSE CHIMIQUE

Azote total......................	189
Acide phosphorique...............	0.912
Potasse...........	2.103
Chaux........................	110.88

Le sol du champ de démonstration est d'une bonne fertilité, riche en azote, en potasse et en chaux, assez bien pourvu en acide phosphorique.

CHAMP DE DÉMONSTRATION **A**
CHAMP TÉMOIN **B**

Epoque des semailles. — 10 décembre dans les 2 parcelles.

Mode de semis adopté. — Dans la parcelle A, en lignes distantes d'environ 0^m20 ; dans lap arcelle B, à la volée. Dans la première, la quantité de semence sulfatée employée s'est élevée à 26 kilos ; dans la deuxième, à 35 kilos non sulfatés.

Opérations culturales. — Le terrain, en jachère depuis 3 ans, a reçu, à la fin de l'été 1889, un labour profond de 0^m30, et au commencement de l'automne, un labour ordinaire de 0^m15 ; en même temps, dans la parcelle A, fut épandue une fumure de 7,500 kilos de fumier de ferme mélangé de 101 kilos de phosphates fossiles de Souk-Ahras titrant 43 pour 100 de phosphate de chaux. La parcelle B ne reçut ni fumure, ni engrais phosphaté.

Levée — Dans la parcelle A, elle a eu lieu le 21 décembre ; dans la parcelle B, le 24 décembre.

Epiage. — Dans les 2 parcelles, le 29 mars.

Floraison. — Le blé de la parcelle A était en pleine floraison le 7 mai, alors que dans le champ B, elle ne se terminait que le 14.

Végétation. — La végétation, pendant les mois de mars, avril et mai, s'est montrée plus vigoureuse dans la parcelle A que dans la parcelle B.

Maturité et moisson. — Dans les 2 parcelles, le 5 juillet.

Résultats obtenus. — Dans la parcelle A, le rendement en grain s'est élevé à 517 litres pesant 409 kilos, soit à l'hectare 20 hectolitres 68 pesant 1,633 kilos, qui, à raison de 22 fr. les 100 kilos, donnent un produit brut de 359 fr. 26.

Paille. — 509 kilos, soit à l'hectare 2,036 kilos, à 3 fr. les 100 kilos = 61 fr. 08.

Total du produit brut, 359 fr. 26 + 61 fr. 08 = 421 fr. 34, dont il faut déduire, pour achat et épandage de fumure et engrais, 37 fr. 40. Reste, produit net, 383 fr. 94.

Dans la parcelle B, le rendement en grain s'est élevé à 392 litres pesant 305 kilos 76, soit à l'hectare 1,568 litres pesant 1,223 kilos, qui, à 22 fr. les 100 kilos, donnent un produit brut de 269 fr. 06.

Paille. — 237 kilos, soit à l'hectare 948 kilos, à 3 fr. les 100 kilos = 28 fr. 44.

Total du produit obtenu dans la parcelle B, 269 fr. 06 + 28 fr. 44 = 298 fr. 38 ; différence en faveur du champ de démonstration, 383 fr. 94 — 298 fr. 38 = 85 fr. 56.

ARRONDISSEMENT DE BATNA

Champ de démonstration de Fesdis

Directeur : M. RIBES

Ce champ, placé sous la direction de M. Ribes, était situé dans sa propriété de Fesdis, près de la route conduisant au village du même nom. La culture des céréales avec l'élevage du mouton constituent les plus grands revenus agricoles dans l'arrondissement de Batna.

Altitude ; 1,015 mètres.

Orientation du champ : Est à Ouest.

Pente du sol : 0m03 par mètre.

Surface du champ : 80 ares divisés en 4 parcelles de 20 ares chacune.

L'analyse du sol et du sous-sol du champ de Fesdis, n'a pu être faite par suite de circonstances indépendantes de la volonté du directeur, M. Ribes, et du professeur d'agriculture ; elle sera faite pour les essais qui seront continués en 1890-1891.

CHAMP DE DÉMONSTRATION A (BLÉ)
CHAMP TÉMOIN B (BLÉ)
CHAMP DE DÉMONSTRATION C (ORGE)
CHAMP TÉMOIN D (ORGE)

Époque des semailles. — Dans chacune des 4 parcelles, le blé et l'orge ont été semés le 20 janvier. Le blé appartenait à la variété Adjini de l'Oued-Atménia ; l'orge était indigène, originaire de Batna.

Mode de semis adopté. — Dans les parcelles A et C, en lignes espacées de 0m20 en tous sens, et à raison de 18 kilos 5 ; la semence placée en A avait été vitriolée.

Opérations culturales. — Les parcelles A et C avaient reçu deux labours péparatoires et étaient fumées chacune à raison de 7 kilos 500 ; en outre 100 kilos de phosphates fossiles de Souk-Ahras, contenant 17 pour 100 de phosphate de chaux avaient été épandus à la surface de chacune d'elles, puis enterrés à la herse ; les parcelles B et D n'avaient reçu ni fumures, ni engrais, ni façons préparatoires.

Levée. — La levée a eu lieu le 17 février pour le blé, dans la parcelle A, et le 20 février dans le champ témoin B ; pour l'orge le 10 février dans la parcelle C et le 15 février dans la parcelle D.

Epiage. — L'épiage a eu lieu dans les parcelles A et B (blés) le 25 mai ; dans la parcelle C le 15 mai et dans le champ témoin D, du 15 au 20 mai.

Floraison. — Le blé était en pleine floraison le 5 juin, dans les parcelles A et B et l'orge, le 25 mai dans les parcelles C et D.

Végétation. — Elle s'est montrée aussi vigoureuse dans les champs de démonstration que dans ceux témoins.

Maturité et Moisson. — Orge : 1er juillet, dans les parcelles C et D et le 10 juillet pour le blé, dans les parcelles A et B.

Résultats obtenus. — Dans la parcelle A, le rendement s'est élevé à 280 litres pesant 224 kilos, soit à l'hectare 14 hectolitres pesant 1,120 kilos qui, à raison de 22 fr. les 100 kilos, donnent 246 fr. 40.

Paille. — 368 kilos, soit à l'hectare 1,840 kilos, à 3 fr. = 55 fr. 20. Total du produit brut : 246 fr. 40 + 55 fr. 20 = 301 fr. 60.

Dans la parcelle B, champ témoin, le rendement s'est élevé à 160 litres, pesant 128 kilos, soit à l'hectare 8 hectolitres, pesant 640 kilos, qui, à raison de 22 fr. les 100 kilos, = 140 fr. 80.

Paille, 115 kilos, soit à l'hectare : 575 kilos à 3 fr. = 17 fr. 25.

Total du produit : 140 fr. 80 + 17 fr. 25 = 158 fr. 05.

Différence en faveur du champ de démonstration : 301 fr. 60 — 158f 05 = 143 fr. 55.

Observations. — On remarquera la différence élevée de rendement obtenu dans les deux parcelles, différence supérieure en argent à la somme brute produite sur le champ témoin ; on remarquera également que les rendements sont relativement faibles, aussi bien dans le champ de démonstration que dans la parcelle témoin ; cette faiblesse s'explplique par une culture incessante de céréales sur tous ces terrains, que la pratique indique du reste comme peu fertiles ; l'analyse aurait probablement confirmé ces données pratiques.

Orge. — Dans la parcelle C, le rendement s'est élevé à 610 litres pesant 381 kilos, soit à l'hectare 30 hectolitres, pesant 1,912 kilos, qui au prix de 10 fr. les 100 kilos = 191 fr. 20.

Paille. 405 kilos soit à l'hectare 2,025 kilos, à 3 fr. = 60 fr. 75.

Total du produit brut : 191 fr. 20 + 60 fr. 75 = 251 fr. 95 ; à retrancher : 22 fr. 50, frais de fumure et phosphates. Reste produit net : 229 fr. 50.

Dans la parcelle D, champ témoin, le rendement a atteint 390 litres, pesant 243 kilos 75, soit à l'hectare 19 hectolitres 5, pesant 1,218 kil. qui au prix de 10 fr. = 121 fr. 18.

Paille : 575 kilos à 3 fr. = 17 fr. 25.

Total du produit net : 121 fr. 18 + 17 fr. 25 = 138 fr. 43.

Différence en faveur du champ de démonstration : 229 fr. 50 — 138 fr. 43 = 91 fr. 07.

ARRONDISSEMENT DE CONSTANTINE

Champ de démonstration de l'Hippodrôme

Directeur : M. LAVEDAN

Ce champ de démonstration, placé sous la direction de M. Lavedan, était situé dans sa propriété de l'Hippodrôme, à 4 kilomètres de Constantine, en suivant la route qui conduit au Kroubs et à Batna.

Altitude : 650 mètres.

Orientation du champ : Ouest, Nord-Est.

Pente du sol : 0m02 par mètre.

Surface du champ : 1 hectare divisé en 2 parcelles rectangulaires de 50 ares chacune.

L'analyse du sol et du sous-sol a donné les résultats suivants : (par 1 kilogramme).

ANALYSE MÉCANIQUE

DÉSIGNATION	Sol jusqu'à 0m18 de profondeur	Sous-sol de 0m18 à 0m31 de profondeur
Pierres et gravier	180	185
Terre fine	820	815
	1.000	1.000

ANALYSE PHYSIQUE

	Sol	Sous-sol
Sable	659	693
Argile	257	226
Calcaire et éléments non dosés, par différence	84	81
	1.000	1.000

ANALYSE CHIMIQUE

Azote total	2g3	1g8
Acide phosphorique	0.652	0.814
Potasse	1.7	1.619
Chaux	47.44	25.76

CHAMP DE DÉMONSTRATION A	CHAMP TÉMOIN B

La terre du champ de démonstration de l'Hippodrôme est riche en azote et en chaux, moyennement pourvue de potasse, mais pauvre en acide phosphorique.

Epoque des semailles. — Les semailles ont été faites dans les deux parcelles, le 8 janvier 1890 et alors que le sol n'était pas complètement ressuyé.

Mode de semis. — En lignes et à 0m15 environ en tous sens dans la parcelle A ; la quantité de semence vitriolée, blé dur de la variété adjini, s'est élevée à 42 kilos 700 ; dans le champ témoin, B, la même variété a été semée, mais à la volée et sans avoir été vitriolée. Quantité semée : 52 kil. 420.

Opérations culturales. — Les parcelles A et B avaient reçu au printemps un labour préparatoire et en septembre une fumure à raison de 30,000 kilos à l'hectare. Après le labour d'hiver, la parcelle A reçut, épandus à la volée et enterrés à la herse, 200 kilos de phosphates fossiles de Souk-Ahras, contenant 36 pour 100 de phosphate de chaux.

Levée. — Elle a eu lieu, dans la parcelle A, le 27 janvier, et dans la parcelle B, le 30 janvier.

Epiage. — L'épiage a été remarqué, dans la parcelle A, le 29 avril, et dans la parcelle B, le 2 mai.

Floraison. — Elle s'est effectuée régulièrement, dans les deux parcelles, du 25 au 28 mai.

Végétation. — La végétation, forte et vigoureuse dans la parcelle A, moindre dans B, s'est maintenue telle jusqu'à la moisson. Dans le champ A, les pluies d'orage survenues à la fin du mois de mai avaient fait craindre un moment la verse.

Maturité et moisson. — Dans les deux parcelles, A et B, le 2 juillet.

Résultats obtenus. — Dans la parcelle A, le rendement s'est élevé à 11 hectolitres 40 pesant 937 kilos 08, soit à l'hectare 22 hectolitres 80 pesant 1,874 kilos 08, qui, à 22 fr. les 100 kilos, = 412 fr. 31.

Paille. — 2,420 kilos, soit à l'hectare 4,840 kilos à 3 fr. = 145 fr. 20. Total du produit brut, 412 fr. 31 + 145 fr. 20 = 557 fr. 51, dont il faut déduire 74 fr. 60 pour frais d'achat et épandage des fumures et phosphates. Reste, produit net, 482 fr. 91.

Dans la parcelle B, champ témoin, le rendement en grains s'est élevé à 737 litres pesant 584 kilos 44, soit à l'hectare 14 hectolitres 74 pesant 1,168 kilos 88, qui, à 22 fr., donnent une somme de 257 fr. 15.

Paille. — 1,490 kilos, soit à l'hectare 2,980 kilos, à 3 fr. les 100 kilos = 89 fr. 40. Total du produit brut, 257 fr. 15 + 89 fr. 40 = 346 fr. 55. Différence en faveur du champ de démonstration : 136 fr. 36.

Champ de démonstration de l'École normale de Constantine

Ce champ de démonstration était situé au-dessus de la route conduisant au Mansourah, au point correspondant à l'ancien cimetière européen.

Altitude : 650 mètres.

Orientation du champ : est-nord-ouest.

Pente du sol : 0m04.

Surface du champ : 20 ares, divisés en deux parcelles, 10 ares chacune.

L'analyse du sol et du sous-sol a donné les résultats suivants (pour 1 kilogramme) :

ANALYSE MÉCANIQUE

DÉSIGNATION	Sol jusqu'à 0m18 de profondeur	Sous-sol de 0m18 à 0m56 de profondeur
Pierres et gravier	240	200
Terre fine	760	800
	1.000	1.000

ANALYSE PHYSIQUE

	Sol	Sous-sol
Sable	472	507
Argile	235	125
Calcaire et éléments non dosés, par différence	293	368
	1.000	1.000

ANALYSE CHIMIQUE

	Sol	Sous-sol
Azote total	2g1	1g6
Acide phosphorique	0g506	0g814
Potasse	2g37	2g42
Chaux	152g32	160g68

CHAMP DE DÉMONSTRATION A
CHAMP TÉMOIN B

Cette analyse démontre que le champ de démonstration de l'École normale est riche en azote, en potasse et en chaux, mais pauvre en acide phosphorique. On remarquera que le sous-sol est plus abondamment pourvu que le sol en acide phosphorique et en potasse.

Époque des semailles. — Elles ont eu lieu, pour les deux parcelles, le 8 décembre.

Mode de semis. — En lignes et à 0m15 environ dans tous les sens, dans la parcelle A. Quantité employée : 10 kilogrammes ; à la volée et aux raies, dans la parcelle B. La semence, dans la parcelle A, avait été vitriolée. Elle était formée par du blé de la variété adjini sélectionnée à la 3e récolte faite par le Professeur d'agriculture.

Opérations culturales. — Les deux parcelles avaient été utilisées, en 1888-1889, pour des cultures de pommes de terre ; elles avaient reçu un labour préparatoire au commencement de l'été 1889, en même temps qu'une fumure à raison de 25,000 kilos à l'hectare. La parcelle A reçut, en outre, en octobre, un deuxième labour et, au moment des semailles, 40 kilos de phosphates fossiles de Souk-Ahras, titrant 36 pour 100 de phosphate de chaux.

Levée. — Elle eut lieu le 30 décembre dans la première parcelle et le 4 janvier dans la deuxième.

Végétation. — La végétation, normale jusqu'à la fin de janvier, commença à se montrer languissante dans les premiers jours de février ; à la fin du même mois, toute la récolte en herbe était disparue, mangée au pied par des larves de hannetons.

Champ de démonstration de l'Oued-Séguin

Directeur : M. Delorme.

Ce champ de démonstration a été établi à l'Oued-Séguin, dans la propriété de M. Delorme, tout près du village, non loin de la route nationale qui conduit à l'Oued-Atménia.

Altitude : 710 mètres.

Lieu dit : *Ouled-Arema.*

Orientation du champ : Sud, Nord-Est.

Pente du sol : 0m02.

Surface du champ : 1 hectare divisé en 4 parcelles de 25 ares chacune.

L'analyse du sol et du sous-sol a donné les résulats suivants (pour 1 kilogramme).

ANALYSE MÉCANIQUE

DÉSIGNATION	Sol jusqu'à 0m18 de profondeur	Sous-sol de 0m18 à 0m31 de profondeur
Pierres et gravier	170	155
Pierre fine	830	845
	1.000	1.000

ANALYSE PHYSIQUE

Sable	674	485
Argile	15	32
Calcaire et éléments non dosés, par différence	311	483
	1.000	1.000

ANALYSE CHIMIQUE

Azote total........................	2g166	1g743
Acide phosphorique	0g302	0g262
Potasse...........................	1g622	1g143
Chaux.............................	167 4	236.88

CHAMP DE DÉMONSTRATION A (BLÉ)
CHAMP TÉMOIN B (BLÉ)
CHAMP DE DÉMONSTRATION C (ORGE)
CHAMP TÉMOIN D (ORGE)

La terre du champ de démonstration de l'Oued-Séguin est riche en azote, potasse et chaux, mais très pauvre en acide phosphorique.

Epoque des semailles — Elles ont eu lieu pour les quatre parcelles, orge et blé, les 26 et 27 janvier.

Mode de semis adopté. — Dans les parcelles A et C, les semailles ont été faites sur raies, à la dose de 22 kilos pour le blé et de 25 kilos pour l'orge; dans les parcelles B et D, les semailles ont été effectuées à la volée, à la dose de 29 kilos pour le blé et de 35 pour l'orge. La variété de blé semé était l'adjini ; l'orge était originaire de la région. Le blé semé dans la parcelle A avait été vitriolé.

Opérations culturales. — Le terrain du champ de démonstration était au repos depuis 6 ans ; un premier et un deuxième labour furent donnés aux parcelles A et C en mars et fin septembre ; les deux mêmes parcelles reçurent chacune 7,500 kilos de fumier de ferme et 100 kilos de phosphates de chaux fossiles de Souk-Ahras titrant 42 pour 100 de phosphates de chaux.

Levée. — Elle eut lieu pour le blé de la parcelle A, le 7 février et pour celui de la parcelle B, le 9 du même mois. L'orge de la parcelle C, était levée le 7 février et celle du champ D le 10 février.

Epiage. — L'épiage a eu lieu dans les parcelles A et B (blés) les 2 et 4 mai, et dans les parcelles C et D (orge) le 24 avril.

Floraison. — L'orge dans les 2 parcelles C et D, a fleuri régulièrement le 14 mai, tandis que le blé était en pleine floraison le 23 du même mois dans la parcelle A et le 25 seulement dans la parcelle B.

Végétation. — La végétation s'est montrée bonne dans les trois parcelles A, B, C, médiocre dans D.

Maturité et Moisson. — La maturité était complète dans la parcelle C le 25 juin, dans D le 30, dans les parcelles A et B le 24 juillet. La moisson a eu lieu à ces mêmes époques.

Résultats obtenus. — Dans la parcelle A (blé), le rendement en grain s'est élevé à 514 litres, pesant 417 kilos 08, soit à l'hectare 20 hectolitres 56 litres pesant 1,668 kilos qui, à raison de 22 fr. les 100 kilos, donnent un produit brut de 366 fr. 96.

Paille. — 825 kilos, soit à l'hectare 3,300 kilos, à raison de 3 fr. = 99 francs.

Total du produit brut : 366 fr. 96 + 99 = 465 fr. 96, dont il faut déduire pour frais d'achat et d'épandage des fumures et engrais, 42 fr. 50, reste produit net 423 fr. 46,

Dans la parcelle B (blé), champ témoin, le rendement s'est élevé à 305 litres pesant 241 kilos, soit à l'hectare 12 hectolitres 20, pesant 904 kilos qui, à raison de 22 fr. les 100 kilos, donnent un produit brut de 212 fr, 08.

Paille, — 396 kilos, soit à l'hectare 1,584 kilos, à 3 fr. les 100 kilos = 47 fr. 52.

Total du produit brut 212 fr. 08 + 47 fr. 52 = 259 fr. 60; différence en faveur du champ de démonstration : 423 fr. 46 - 259 fr. 60 = 163 fr. 86.

Dans la parcelle C (orge), le rendement en grain s'est élevé à 570 litres pesant 359 kilos 10, soit par hectare 22 hectolitres 80, pesant 1,436 kilos qui, à raison de 10 fr. les 100 kilos donnent un produit brut de 143 fr. 60.

Paille. — 484 kilos, soit par hectare 1,936 kilos, à 3 fr. = 58 fr. 08.

Total du produit brut 143 fr. 60 + 58 fr. 08 = 201 fr. 68, dont il faut déduire pour frais d'achat et d'épandage des fumures et engrais 42 fr. 50, reste produit net : 159 fr. 18.

Dans la parcelle D, champ témoin, le rendement en grain s'est élevé à 254 litres pesant 160 kilos, soit par hectare 9 hectolitres 16, pesant 640 kilos qui, à raison de 10 fr. les 100 kilos, donnent un produit brut de 64 fr.

Paille. — 285 kilos, soit à l'hectare 1,140 kilos, à 3 fr. = 34 fr, 20.

Total du produit dans la parcelle témoin : 64 + 34 fr. 20 = 98 fr. 20; différence en faveur du champ de démonstration 159,18 — 98 fr. 20 = 60 fr. 98.

ARRONDISSEMENT DE BOUGIE

Champ de démonstration d'El-Kseur

Directeur : M. Noel

Ce champ de démonstration a été établi avec le concours de M. Noël, à El-Kseur, dans sa propriété voisine du village.

Lieu dit : El-Kseuria.

Altitude : 80 mètres environ.

Orientation du champ : Sud-Nord.

Pente du sol : 0m01 par mètre.

Surface du champ : 50 ares divisés en deux parcelles de 25 ares chacune.

L'analyse du sol et du sous-sol a donné les résultats suivants : (pour 1 kilogramme).

ANALYSE MÉCANIQUE

DÉSIGNATION	Sol jusqu'à 0m18 de profondeur	Sous-sol de 0m18 à 0m31 de profondeur
Pierres et gravier	265	241
Terre fine	735	769
	1.000	1.000

ANALYSE PHYSIQUE

Sable	780	725
Argile	6	4
Calcaire et éléments non dosés, par différence	214	271
	1.000	1.000

ANALYSE CHIMIQUE

Azote total	1g2	1g12
Acide phosphorique	0.97	0.715
Potasse	1.61	1.59
Chaux	66.64	62.72

Cette analyse montre que la terre du champ de démonstration d'El-Kseur est d'une fertilité moyenne, riche en azote, en potasse et en chaux, se rapprochant beaucoup par sa teneur en acide phosphorique de celle indiquée comme suffisante par M. Müntz (1 gramme).

A	B
CHAMP DE DÉMONSTRATION	CHAMP TÉMOIN

Epoque des semailles. — Elles ont eu lieu, pour les deux parcelles, les 26 et 27 janvier.

Mode de semis adopté. — Dans la parcelle A, les semailles ont été faites en lignes, à la dose de 88 kilos à l'hectare ; dans la parcelle B, à la volée et à la dose de 96 kilos à l'hectare. Dans les deux parcelles, la variété semée était l'adjini provenant d'une récolte faite à Constantine par le Professeur d'agriculture.

Opérations culturales. — La parcelle A avait reçu deux labours ordinaires : un de printemps, un d'automne. Elle avait, en outre, été fumée à raison de 30,000 kilos à l'hectare et reçu 100 kilos de phosphates naturels de Souk-Ahras, contenant 33 pour 100 de chaux. Le blé qui y fut semé avait été vitriolé.

La parcelle B n'avait reçu ni labours préparatoires, ni fumures. Elle fut simplement labourée quelques jours avant les semailles.

Levée. — 5 février dans la parcelle A ; 6 février dans la parcelle B.

Epiage. — L'épiage a eu lieu le 2 avril dans les deux parcelles.

Floraison — Le blé de la parcelle A était en pleine floraison le 4 mai ; celui de la parcelle B ne fleurit que le 6 mai.

Végétation. — Elle s'est montrée également bonne dans les 2 parcelles.

Maturité et moisson. — Le 4 juillet dans la parcelle A ; le 6 juillet dans la parcelle B.

Résultats obtenus. — Le rendement en grain dans la parcelle A s'est élevé à 520 litres pesant 421 kilos 20, soit à l'hectare 2,080 litres pesant 1,684 kilos 80, qui, à raison de 22 fr. les 100 kilos, donnent un produit brut de 370 fr. 65.

Paille. — 560 kilos, soit à l'hectare 2,240 kilos, à 3 fr. les 100 kilos = 67 fr. 20.

Total du produit brut : 370 fr. 65 + 67 fr. 20 = 437 fr. 85 ; à déduire 46 fr. pour frais d'achat et d'épandage de fumures et engrais ; reste, produit net, 437 fr. 85 — 46 fr. = 391 fr. 85.

Dans la parcelle témoin B, le rendement s'est élevé à 287 litres pesant 236 kilos 73, soit à l'hectare 1,148 litres pesant 946 kilos 92, qui, à raison de 22 fr. les 100 kilos, donnent un produit brut de 208 fr 32.

Paille. — 362 kilos, soit à l'hectare 1,448 kilos, à raison de 3 fr. les 100 kilos = 43 fr. 44.

Total du produit brut : 208 fr. 32 + 43 fr. 44 = 251 fr. 76 ; différence en faveur du champ de démonstration : 391 fr. 85 — 251 fr. 76 = 140 fr. 09.

ARRONDISSEMENT DE SÉTIF

Champ de démonstration et d'expériences d'El-Bès

Directeur : M. Ryf.

Le Comice agricole de Sétif, toujours un des premiers en Algérie dans la voie des améliorations agricoles les plus profitables, a cru devoir joindre au champ de démonstration recommandé par les instructions préfectorales et la délibération du Conseil général, un champ d'expériences destiné à apprécier la valeur de diverses céréales.

Ces deux champs réunis ont été placés sous la direction de M. Ryf, Directeur de la Compagnie Génevoise, à Sétif. Le Comice ne pouvait faire un meilleur choix.

Le champ d'El-Bès est placé à environ 2 kilom. de Sétif, près de la route nationale qui conduit à Alger.

Altitude : 1,050 mètres.

Orientation du champ : Est.

Pente du sol : 0m02 par mètre.

Surface du champ : 1 hectare 85, divisé en 37 parcelles, chacune de 5 ares.

L'analyse du champ a donné les résultats suivants (pour 1 kilogramme) :

ANALYSE MÉCANIQUE

DÉSIGNATION	Sol jusqu'à 0m18 de profondeur	Sous-sol de 0m18 à 0m31 de profondeur
Pierres et gravier..	220	170
Terre fine	780	830
	1.000	1.000

ANALYSE PHYSIQUE

Sable	737	604
Argile	25	205
Calcaire et éléments non dosés, par différence	238	191
	1.000	1.000

ANALYSE CHIMIQUE

Azote total	0g92	0g75
Acide phosphorique	0 538	1 143
Potasse	0 491	0 317
Chaux	115 36	56 56

La terre du champ d'El-Bès est, on le voit, pauvre en azote, en acide phosphorique et en potasse, mais riche en chaux ; on remarquera, en outre, que le sous-sol contient une proportion relativement élevée d'acide phosphorique (1 gramme 143), presque égale à celle indiquée par M. Schlœsing dans les terres riches, alors que le sol n'en contient que 0gr 538. Il y aurait donc, en se basant sur cette analyse, indication de ramener le sous-sol à la surface par des labours successifs, faits prudemment.

37 variétés de céréales ont été expérimentées : 19 variétés de blé, 17 d'orge, 1 d'avoine.

Parmi les blés semés, 12 sont indigènes, 7 sont exotiques. Parmi les orges, 6 variétés sont étrangères, 11 sont originaires de la région de Sétif ; la variété d'avoine expérimentée est celle habituellement semée dans le pays.

Parmi ces semences, les unes ont été triées et sulfatées, semées en lignes distantes d'un mètre, suivant une méthode expérimentée par M. Ryf ; d'autres, au contraire, ont été semées à la volée, sans avoir été triées, ni sulfatées.

Opérations culturales. — La surface entière a été prise sur un terrain ayant porté des céréales en 1888 et en 1889 ; il n'a pas été possible d'en trouver d'autre, en jachère, aussi voisine de Sétif. En dehors d'un labour préparatoire général, les parcelles ont reçu des façons variant au point de vue de leur profondeur et qui seront indiquées lorsqu'il sera question de chacune des variétés expérimentées.

La même observation s'applique à certaines parcelles qui, en dehors d'une fumure générale à raison de 30,000 kilos à l'hectare, ont reçu des engrais spéciaux.

Époque des semailles. — Toutes les parcelles, à l'exception de deux contenant des orges de Sinope et de Mersina, ont été ensemencées le 3 décembre ; ces deux dernières, le lendemain, 4.

La *levée*, de même que la *floraison* et la *maturité*, seront indiquées pour chaque variété.

Végétation. — L'excès d'humidité froide qui a caractérisé les mois de mars et avril 1890 dans la région de Sétif, a nui dans une certaine mesure au développement normal de toutes les céréales et principalement des orges.

D'autre part, les vents chauds de juin, le sirocco, ont amené une maturation trop rapide empêchant le grain d'atteindre son développement complet. M. Ryf estime que cette circonstance fâcheuse, le rendement des céréales en général et du blé plus particulièrement a été diminué d'environ 20 pour 100.

Nous donnons, ci-après, les renseignements concernant chacune des variétés expérimentées :

BLÉS

1° *Blé bleu de Noé.* — Semé, trié et sulfaté à la volée, enterré à la herse, à la dose de 120 litres à l'hectare. — *Levée*, 14 décembre. — *Floraison*, 15 mai. — *Maturité*, 12 juillet. — *Rendements*, grain, 16 hectolitres ; paille, 1,430 kilos ; poids de l'hectolitre, 73 kilos 75 ;

2° *Tuzelle rouge de Provence.* — Semé, trié et sulfaté à la volée, enterré à la herse, à la dose de 120 litres à l'hectare. — *Levée*, 13 décembre ; — *floraison*, 17 mai ; — *maturité*, 12 juillet ; — *rendements :* grain, 18 hectolitres 60 ; paille, 1,510 kilos ; poids de l'hectolitre, 77 kilos 43 ;

3° *Blé d'Odessa, sans barbes.* — Semé, trié et sulfaté à la volée, enterré à la herse, à la dose de 120 litres à l'hectare. — *Levée*, 16 décembre ; — *floraison*, 17 mai ; — *maturité*, 12 juillet ; — *rendements :* grain, 18 hectolitres ; paille, 1,470 kilos ; poids de l'hectolitre, 75 kilos 55 ;

4° *Richelle blanche de Naples.* — Semé, trié et sulfaté à la volée, enterré à la herse, à la dose de 120 litres à l'hectare. — *Levée*, 14 décembre ; — *floraison*, 15 mai ; — *maturité*, 10 juillet ; — *rendements :* grain, 17 hectolitres 15 ; paille, 1,540 kilos ; poids de l'hectolitre, 73 kilos 25 ;

5° *Blé de Pologne.* — Semé, trié et sulfaté à la volée, enterré à la herse, à la dose de 120 litres à l'hectare. — *Levée*, 17 décembre ; — *floraison*, 20 mai ; — *maturité*, 13 juillet ; — *rendements :* grain, 16 hectolitres 28 ; paille, 1,610 kilos ; poids de l'hectolitre, 77 kilos 27 ;

6° *Blé Beloutourka.* — Semé, trié et sulfaté à la volée, enterré à la herse, à la dose de 120 litres par hectare. — *Levée*, 15 décembre. — *Floraison*, 18 mai. — *Maturité*, 15 juillet. — *Rendements* : grain, 12 hectolitres ; paille 1,370 kilos ; poids de l'hectolitre 75 kilos 39 ;

7° *Petanielle blanche.* — (hybride-galland), semé, trié et sulfaté à la volée, enterré à la herse, à la dose de 120 litres à l'hectare. — *Levée*, 17 décembre. — *Floraison*, 20 mai. — *Maturité*, 19 juillet.
Rendements : grain, 8 hectolitres 40 ; paille 1,560 kilos ; poids de 'hectolitre 76 kilos 45 ;

7° *Blé dur bigarré du pays.* — Semé, trié et sulfaté à la volée, enterré à la herse, à la dose de 120 litres par hectare. — La parcelle avait reçu l'engrais à céréales de Schlœsing frères, à raison de 600 kilos à l'hectare. — *Levée*, 13 décembre. — *Floraison*, 15 mai. — *Maturité*, 16 juillet. — *Rendements* : grain, 20 hectolitres 80 ; paille 1,610 ; poids de l'hectolitre, 80 kilos 77 ;

9° *Blé dur bigarré du pays.* — Semé, trié et sulfaté à la volée, enterré à la herse, à la dose de 120 litres par hectare. — Engrais Schlœsing frères, à raison de 330 kilos par hectare ; fumure récente à raison de 200 quintaux à l'hectare. — *Levée*, 13 décembre. — *Floraison*, 15 mai. — *Maturité*, 17 juillet. — *Rendements* : grain, 20 hectolitres 80 ; paille 1,620 kilos ; poids de l'hectolitre 78 kilos 80 ;

10° *Blé dur bigarré du pays.* — Semé, trié et sulfaté à la volée, enterré à la herse, à la dose de 120 litres par hectare, fumure à raison de 300 quintaux. *Levée*, 13 décembre. — *Floraison*. 15 mai. — *Maturité* 16 juillet. — *Rendements*: grain, 20 hectolitres 20 ; paille, 1,460 kilos ; poids de l'hectolitre 80 kilos 28.

11° *Blé dur bigarré du pays.* — Semé, trié et sulfaté à la volée, à la dose de 120 litres à l'hectare, enterré à la herse, sur un défoncement à 30 centimètres, suivi d'un labour à 0,20 centimètres. — *Levée* 13 décembre. — *Floraison*, 15 mai. – *Maturité*, 16 juillet. — *Rendements* : grain, 16 hectolitres 80 ; paille 1,470 kilos ; poids de l'hectolitre 78 kilos 55.

12° *Blé dur bigarré du pays.* — Semé, trié et sulfaté à la volée, enterré à la herse, à la dose de 120 litres à l'hectare. Labour ordinaire de 0,15 à 0,20. — *Levée* 12 décembre. — *Floraison*, 15 mai. — *Maturité*, 17 juillet. — *Rendements* : grain, 20 hectolitres 80 ; paille, 1,520 kilos ; poids de l'hectolitre 80 kilos 76.

13 *Blé dur bigarré du pays.* — Non trié, non sulfaté, semé à la volée, à la dose de 120 litres sur labour ordinaire de 0,15 à 0,20. — *Levée*, 13 décembre. — *Floraison*, 15 mai. — *Maturité*, 17 juillet. — *Rendements* : grain 16 hectolitres 20 ; paille 1,470 kilos ; poids de l'hectolitre 79 kilos 76.

14° *Blé dur bigarré du pays.* — Trié et passé au germinateur, semé à la volée, à la dose de 120 litres sur labour ordinaire de 0,15 à 0,20. — *Levée*, 11 décembre. — *Floraison*, 12 mai. — *Maturité*, 17 juillet. — *Rendements* : grain, 19 hectolitres 20 litres ; paille, 1,490 kilos ; poids de l'hectolitre 81 kilos 72.

15° *Blé dur bigarré du pays.* — Trié et sulfaté, semé en lignes distantes de 1 mètre sur labour ordinaire ; buttage à la charrue au printemps, quantité de semence 60 litres. — *Levée*, 12 décembre. — *Floraison*, 10 mai. — *Maturité*, 17 juillet. — *Rendements* : grain 10 hectolitres 60 ; paille 740 kilos, poids de l'hectolitre 81 kilos 13.

16° *Blé dur bigarré du pays.* — Trié et sulfaté, semé à la volée, à la dose de 160 litres et sur labour ordinaire de 0^m15 à 0^m20, hersage. — *Levée*, 14 décembre ; — *Floraison*, 14 mai ; — *Maturité*, 15 juillet ; — *Rendements* : grain, 14 hectolitres 80 ; paille, 1,560 kilos ; poids de l'hectolitre, 82 kilos 43 ;

17° *Blé dur bigarré du pays.* — Trié et sulfaté, semé à la volée, à la dose de 200 litres et sur labour ordinaire de 0m15 à 0m20, hersage. — *Levée,* 13 décembre; — *Floraison,* 15 mai; — *Maturité,* 17 juillet; — *Rendements* : grain, 17 hectolitres; paille, 1,570 kilos; poids de l'hectolitre, 79 kilos 30;

18° *Blé Mohamed ben Bachir.* — Trié et sulfaté, semé à la volée, à la dose de 120 litres à l'hectare et sur labour ordinaire de 0m15 à 0m 20, hersage. — *Levée,* 13 décembre; — *Floraison,* 15 mai; — *Maturité,* 17 juillet; — *Rendements* : grain, 15 hectolitres 40; paille, 1,410 kilos; poids de l'hectolitre, 77 kilos 19;

19° *Blé dur du pays, non mélangé.* — Trié et sulfaté, semé sur labour ordinaire, en lignes espacées de 1 mètre; buttage à la charrue au printemps; quantité semée, 40 litres. — *Levée,* 14 décembre; — *Floraison,* 16 mai; — *Maturité,* 18 juillet; — *Rendements* : grain, 8 hectolitres 80 litres; paille, 720 kilos; poids de l'hectolitre, 79 kilos 54.

Observations. — Parmi les variétés 1, 2, 3, 4, 5, 6, 7, 12, 13, 16, 18, placées dans les mêmes conditions culturales, semées dans les mêmes proportions, on remarquera :

1° Que la variété ayant donné le plus haut rendement en grain est le n° 12, blé dur bigarré du pays, ayant donné 20 hectolitres 80 litres. Le n° 2 vient ensuite avec 18 hectolitres 60 litres (Tuzelle rouge de Provence); puis, le n° 3, blé d'Odessa, 18 hectolitres. En quatrième lieu, se place la Richelle blanche de Naples, avec 17 hectolitres 15; la variété ayant donné le rendement le plus faible est le n° 7, Petanielle blanche (hybride Galland), 8 hectolitres 40;

2° Au point de vue de la production de la paille, les chiffres les plus élevés sont atteints, dans un ordre décroissant : 1° par le blé de Pologne (1,610 kilos), par le blé dur bigarré du pays, n° 16 (1,560 kilos) par la Petanielle blanche (1,560 kilos), par la Richelle blanche de Naples (1,540 kilos), par le blé dur bigarré du pays, n° 12 (1,520 kilos).

Le rendement le moins élevé a été donné par le blé Beloutourka;

3° Dans les mêmes variétés, 1, 2, 3, 4, 5, 6, 7, 12, 13, 16, 18, celle atteignant le poids le plus élevé à l'hectolitre est un blé dur bigarré du pays, n° 16 (82 kilos 43); viennent ensuite, un autre blé dur en mélange du pays, n° 12 (80 kilos 76); une troisième variété du pays, le n° 13 (79 kilos 76).

Le poids le moins élevé est fourni par la Richelle blanche de Naples (73 kilos 35).

Deux variétés de blé dur indigène, les nos 8, 9 ont reçu l'engrais à céréales de la maison Schlœsing : le n° 8, à raison de 660 kilos à l'hectare; le n° 9, à la dose de 330 kilos mélangés à 200 quintaux de fumier de ferme; cet engrais n'a pas sensiblement élevé leur rendement; l'effet fertilisant se fera sentir en 1891.

ORGES

1° *Orge carrée d'hiver.* — Triée et sulfatée, semée à la volée, sur labour ordinaire suivi de hersage, à la dose de 160 litres à l'hectare. — *Levée*, 17 décembre. — *Floraison*, 15 mars. — *Maturité*, 28 juin. — *Rendements* : grain, 17 hectolitres 60 ; paille 1,220 kilos ; poids à l'hectolitre 59 kilos 99 ;

2° *Orge Chevalier.* — Triée et sulfatée, semée à la volée, sur labour ordinaire suivi de hersage, à la dose de 65 litres. — *Levée*, 16 décembre. — *Floraison*, 10 mars. — *Maturité*, 24 juin. — *Rendements* : grain, 10 hectolitres 80 ; paille, 1,100 kilos ; poids à l'hectolitre 64 kilos 80.

3° *Orge carrée de printemps.* — Triée et sulfatée, semée à la volée, sur labour ordinaire suivi de hersage, à la dose de 65 litres. — *Levée*, 16 décembre. — *Floraison*, 11 mars. — *Maturité*, 24 juin. — *Rendements* : grain, 8 hectolitres; paille, 1,050 kilos; poids de l'hectolitre, 62 kilos 50 ;

4° *Orge à 2 rangs d'Italie.* — Triée et sulfatée, semée à la volée, sur labour ordinaire, suivi de hersage, à la dose de 65 litres. — *Levée*, 14 décembre. — *Floraison*, 13 mars. — *Maturité*, 24 juin. — *Rendements* : grain, 5 hectolitres 60 ; paille, 810 kilos ; poids de l'hectolitre, 62 kilos 07.

5° *Orge du pays.* — Triée et sulfatée, semée à la volée, sur labour ordinaire, à la dose de 160 litres et le sol ayant reçu 660 kilos à l'hectare de l'engrais à céréales Schlœsing. — *Levée*, 10 décembre. — *Floraison*, 12 mars. — *Maturité*, 21 juin. — *Rendements* : grain, 29 hectolitres 40 ; paille, 1,390 kilos ; poids de l'hectolitre 64 kilos 62.

6° *Orge du pays.* — Triée et sulfatée, semée sur labour ordinaire, à la dose de 160 litres par hectare, la parcelle ayant reçu la quantité rapportée à l'hectare, de 330 kilos, engrais Schlœsing et 200 quintaux fumier de ferme. — *Levée*, 12 décembre. — *Floraison*, 14 mars. — *Maturité*, 23 juin. — *Rendements* : grain, 21 hectolitres 20 ; paille, 1,420 kilos ; poids de l'hectolitre 66 kilos 65.

7° *Orge du pays.* — Triée et sulfatée, semée sur labour ordinaire, à la dose de 160 litres par hectare, la parcelle ayant reçu une fumure de 300 quintaux de fumier de ferme. — *Levée*, 13 décembre. — *Floraison*, 15 mars. — *Maturité*, 23 juin. — *Rendements* : grain, 20 hectolitres ; paille 1,400 kilos ; poids de l'hectolitre 65 kilos.

8° *Orge du pays.* — Triée et sulfatée, semée à la dose de 160 litres à l'hectare, la parcelle ayant reçu 2 labours profonds de 0,30. — *Levée* 14 décembre.— *Floraison*, 16 mars. — *Maturité*, 24 juin. — *Rendements :* grain, 32 hectolitres 80 ; paille 1,420 kilos ; poids de l'hectolitre 63 kilos 30.

9° *Orge du pays.* — Triée et sulfatée, semée à la dose de 160 litres à l'hectare sur labour ordinaire ; hersage. — *Levée*, 13 décembre. — *Floraison* 15 mars. — *Maturité*, 24 juin. — *Rendements* : grain 28 hectolitres 60 ; paille 1,390 kilos ; poids de l'hectolitre 63 kilos 33.

10° *Orge du pays.* — Non triée et non sulfatée, semée sur labour ordinaire suivi de hersage, à la dose de 160 litres à l'hectare. — *Levée* 15 décembre. — *Floraison*, 20 mars. — *Maturité*, 24 juin. — *Rendements* : grain 28 hectolitres 60 ; paille, 1,400 ; poids de l'hectolitre 62 kilos 93.

11° *Orge du pays.* — Triée et passée au germinateur ; semée sur labour ordinaire, suivi d'un hersage, à la dose de 160 litres à l'hectare. — *Levée*, 9 décembre. — *Floraison*, 14 mars. — *Maturité*, 24 juin. — *Rendements* : grain, 22 hectolitres ; paille, 1,320 kilos ; poids de l'hectolitre 64 kilos 54.

12° *Orge du pays.* — Triée et sulfatée, semée à raison de 80 litres à l'hectare, en lignes espacées de 1 mètre, après labour ordinaire. Buttage à la charrue au printemps. — *Levée*, 14 décembre. — *Floraison*, 16 mars. — *Maturité*, 26 juin. — *Rendements* : grain, 14 hectolitres 80 ; paille, 750 kilos ; poids de l'hectolitre, 66 kilos 28.

13° *Orge du pays.* — Triée et sulfatée, semée à la volée et sur labour ordinaire, suivi de hersage, à la dose de 240 litres. — *Levée*, 15 décembre. — *Floraison*, 18 mars. — *Maturité*, 26 juin. — *Rendements* : grain, 28 hectolitres 80 ; paille, 1,430 kilos ; poids de l'hectolitre, 65 kilos ;

14° *Orge du pays.* — Triée et sulfatée, semée à la volée et sur labour ordinaire, suivi d'un hersage, à la dose de 320 litres. — *Levée*, 15 décembre. — *Floraison*, 18 mars. — *Maturité*, 26 juin. — *Rendements* : grain, 33 hectolitres 40 ; paille, 1,540 kilos ; poids de l'hectolitre, 59 kilos 28 ;

15° *Orge du pays.* — Triée et sulfatée, semée à raison de 60 litres à l'hectare, en lignes espacées de 1 mètre, après labour ordinaire. Buttage à la charrue, au printemps. — *Levée*, 14 décembre. — *Floraison*, 16 mars. — *Maturité*, 27 juin. — *Rendements* : grain, 13 hectolitres 60 ; paille, 710 kilos ; poids de l'hectolitre, 63 kilos 20 ;

16° *Orge de Mersina.* — Triée et sulfatée ; semée le 4 janvier 1890, sur labour ordinaire suivi d'un hersage, à la dose de 220 litres à l'hectare. — *Levée*, 16 janvier ; — *Floraison*, 5 avril ; — *Maturité*, 27 juin ; *Rendements* : grain, 23 hectolitres 60 ; paille, 1,240 kilos ; poids à l'hectolitre, 64 kilos 28 ;

17° *Orge de Sinope.* — Triée et sulfatée ; semée le 4 janvier 1890, sur labour ordinaire suivi d'un hersage, à la dose de 220 litres à l'hectare. — *Levée*, 16 janvier ; — *Floraison*, 5 avril ; — *Maturité*, 29 juin ; — *Rendements* : grain, 16 hectolitres 60 ; paille, 1,300 kilos ; poids de l'hectolitre, 60 kilos 24.

Observations. — Deux variétés, l'orge carrée d'hiver, n° 1, et l'orge du pays, n° 9, semées dans les mêmes conditions de fumure, de culture et aux mêmes doses, donnent les résultats différents suivants :

Le plus haut rendement en grain est atteint par l'orge du pays (2,860 litres), pesant 63 kilos 33 à l'hectolitre, alors que l'orge carrée d'hiver ne produit que 1,760 litres, l'hectolitre ne pesant que 59 kilos 99. Le rendement en paille est également plus élevé pour l'orge indigène, puisqu'il atteint 1,390 kilos, tandis que l'exotique ne donne que 1,220 kilos.

Les orges Chevalier, carrée de printemps et à deux rangs d'Italie, avec une quantité de semence égale à celle employée pour l'ensemencement de la variété indigène n° 1, n'atteindraient probablement pas le rendement de 2,800 litres donné par cette dernière, puisque semées à raison de 65 litres, toutes conditions égales d'ailleurs, elles n'ont donné : la première que 10 hectolitres 80, la deuxième 8 et la troisième 5 hectolitres 60. Il est à remarquer, cependant, que le poids à l'hectolitre de l'orge Chevalier (64 kilos 81) est supérieur à celui de l'orge indigène n° 9 (63 kilos 33).

Si l'on considère l'ensemble des variétés semées, sans tenir compte des conditions culturales et des quantités employées de semence, on observera que le poids le plus élevé à l'hectolitre, 66 kilos 65, est atteint par une variété indigène, n° 6, récoltée sur une parcelle fumée à raison de 200 quintaux de fumier de ferme et de 330 kilos engrais Schlœsing, à l'hectare.

La variété n° 12, qui a été semée en lignes espacées d'un mètre et à raison seulement de 80 litres à l'hectare, est celle qui doit être placée en deuxième ligne pour son poids à l'hectolitre, puisqu'il atteint 66 kilos 28.

Le rendement le plus élevé, 3,280 litres, à quantités égales de semence (100 litres) est donné par la variété indigène n° 8, obtenue sur une parcelle ayant reçu deux labours profonds de $0^m,30$. Peut-être faut-il attribuer ce résultat à la présence d'une certaine quantité d'acide phosphorique ramenée dans les couches supérieures du sol par le défoncement du sous-sol. Il serait impossible d'être affirmatif, la même opération étant loin d'avoir produit un résultat analogue pour le blé n° 11, dont le rendement et le poids à l'hectolitre atteignent à peine la moyenne.

L'opération qui consiste à chauler les grains au moyen de la préparation connue sous le nom de germinateur, n'a pas donné de résultats bien appréciables aussi bien pour le blé que pour l'orge ; les essais seront continués.

AVOINE

Une seule variété d'avoine, habituellement et depuis longtemps cultivée dans le pays, a été expérimentée dans le champ d'El-Bès.

Semée le 4 décembre, après avoir été triée et sulfatée, sur labour ordinaire, à raison de 140 litres, elle fut moissonnée le 10 juillet.

Rendements : grain, 14 hectolitres 20; paille, 1,280 kilos ; poids à l'hectolitre, 32 kilos 39.

Ces résultats peu satisfaisants pourraient faire hésiter les agriculteurs à se livrer, comme par le passé, à la culture de l'avoine, s'ils ne savaient que presque partout, dans la province, cette année, les récoltes de cette céréale ont été très médiocres; en effet, par le fait d'une chaleur subite succédant, en juin, brusquement à une température jusqu'alors très humide, le grain s'est trouvé arrêté dans son développement et les rendements ont été par suite très inférieurs. Il n'en est heureusement pas de même habituellement et bien souvent, les terres argilo-calcaires d'Aïn-Kerma, par exemple, donnent des rendements s'élevant à 20 hectolitres par hectare, avec un poids moyen de 41 kilos à l'hectolitre.

Semis en lignes espacées d'un mètre. — L'essai de ce semis particulier par M. Ryf, dans le champ d'El-Bès, est basé par lui sur les considérations suivantes que je crois devoir faire connaître sans les apprécier, dès à présent :

« Dans notre région, où la sécheresse est le grand ennemi, où l'évaporation, activée par un soleil ardent et des vents secs et chauds, joue un très grand rôle, les labours préparatoires et les binages produisent les résultats les meilleurs. Après un labour de printemps effectué sur la jachère, on est à peu près certain d'avoir une bonne récolte, quelles que soient les conditions météorologiques de l'année. Un binage un peu profond, fait au printemps, assure également un bon rendement, confirmant pleinement le proverbe méridional : *un binage vaut un arrosage.*

« En semant donc les céréales en lignes espacées de 1 mètre, nous n'utilisons chaque année que la moitié de la surface, l'autre moitié étant considérée comme restant en jachère.

« Avec cet écartement, on a la faculté de donner, au printemps, une ou deux façons à la houe à cheval ou à la charrue ; ce travail réunit les avantages, cités plus haut, des labours de printemps et des binages ; par lui on arrive en outre à détruire la plus grande partie des nombreuses et puissantes mauvaises herbes qui infestent nos terres. Nous sommes convaincu qu'aucune sécheresse ne pourrait compromettre des récoltes placées dans des terrains soumis à ce genre de culture. On nous objectera peut-être que ce système entraîne une plus forte dépense ; l'objection est plus apparente que réelle. Le travail des attelages se trouve ainsi réparti sur une période beaucoup plus longue que dans la méthode habituellement suivie ; l'espace placé entre les lignes peut être travaillé pendant la plus grande partie de l'hiver, le printemps et jusqu'au moment de la moisson ; l'automne arrivé, le simple passage d'un scarificateur ou même d'un semoir à socs un peu forts serait suffisant pour ensemencer en terres propres et meubles.

« Cette répartition, sur presque toute l'année, du travail des attelages a sa valeur dans une région comme la nôtre, où la culture presque exclusive des céréales, à la façon habituelle, n'occupe les animaux que pendant trois mois de l'année.

« L'observation des parcelles soumises cette année à ce système de semailles en lignes espacées d'un mètre démontre qu'elles ont donné, avec une quantité moitié moindre de semence, un rendement au moins égal à la moitié de celui récolté sur les parcelles ensemencées à la volée ; dans tous les cas, la beauté comme le poids du

« grain, sont supérieurs. Nous pouvons affirmer, en outre, que ce ren-
« dement eut été supérieur si les moineaux ne s'étaient abattus de
« préférence sur les parcelles semées en lignes, précisément à cause
« de la grosseur du grain. Nous estimons, enfin, que la comparaison
« entre les rendements produits par les deux méthodes, aurait été
« tout-à-fait à l'avantage de celle consistant en semis en lignes espa-
« cées, si l'année avait été moins pluvieuse. »

Telles sont les considérations essentiellement pratiques sur lesquelles M. Ryf s'appuie pour préconiser son système, que nous pensons comme lui, être appelé a donner d'excellents résultats pendant les années de sécheresse ; des essais répétés sur divers points des Hauts-Plateaux, en démontreront du reste la valeur.

En terminant ce rapport, le professeur départemental d'agriculture remercie le Conseil général de l'honneur qu'il lui a fait en lui confiant l'organisation et la direction des champs de démonstration dans le Département.

Le fonctionnement de cette œuvre si utile, pour la première fois entreprise en Algérie, a présenté cette année quelques imperfections inhérentes à la période de début ; le professeur d'agriculture s'efforcera de les faire disparaître et il espère, avec le concours dévoué des sociétés agricoles et des collaborateurs qu'il a rencontrés, contribuer au progrès et à la prospérité de l'agriculture du département de Constantine et justifier le récent témoignage de confiance qui vient de lui être donné par le vote de nouveaux crédits en faveur des champs de démonstration.

TH. BAUGUIL.

GOUVERNEMENT GENERAL

CHAMP D'EXPÉRIENCES

DE CONSTANTINE

Ce champ d'expérience, subventionné par M. le Gouverneur général, a été établi dans le but d'expérimenter un grand nombre de variétés de céréales étrangères recueillies à l'Exposition universelle de Paris par M. Ch. Nicolas, Inspecteur de l'Agriculture en Algérie.

Leur étude comparative, soit entre elles, soit avec les variétés indigènes, devait amener le choix de quelques-unes, supérieures, pouvant être recommandées aux cultivateurs algériens.

Ce champ était placé à environ 1,800 mètres de la ville de Constantine, au lieu dit « Ferme des Chasseurs d'Afrique » (Camp des Oliviers) et au croisement de deux promenades très fréquentées.

Altitude : 610 mètres.

Orientation : Nord-Sud-Est.

Pente du sol : 0m02 environ par mètre.

Surface du champ : environ 1 hectare.

Analyse. — L'analyse du sol et du sous-sol a donné les résultats suivants (par 1 kilogr.) :

ANALYSE MÉCANIQUE

DÉSIGNATION	Sol jusqu'à 0m18 de profondeur	Sous-sol de 0m18 à 0m34 de profondeur
Pierres et gravier	140	220
	860	780
	1.000	1.000

ANALYSE PHYSIQUE

Sable	735	707
Argile	37	15
Calcaire et éléments non dosés par différence	228	278
	1.000	1.000

ANALYSE CHIMIQUE

Azote total	1 gr 13	1 gr 12
Acide phosphorique	1 gr 34	1 gr 23
Potasse	2 gr 376	3 gr 04
Chaux	68 gr 8	73 gr 9

Cette analyse montre que la terre du champ d'expériences de la Ferme des Chasseurs d'Afrique est assez bien pourvue d'azote, d'acide phosphorique, de potasse et de chaux ; ces terres, comme celles environnantes, sont réputées pour leur fertilité.

Préparation de la parcelle. — La surface du champ avait été divisée, à cause de la configuration générale du terrain, en rectangles de 4 mètres de largeur sur 5 mètres de longueur, séparés par des chemins larges de 1 mètre.

Le champ tout entier était entouré par une clôture en ronce artificielle, indispensable pour garantir les récoltes des dommages pouvant être occasionnés par les maraudeurs ou par le bétail.

Cultures antérieures. — La parcelle était en jachère depuis trois ans, transformée en une sorte de prairie naturelle, constamment traversée par les troupeaux de bœufs et de moutons se rendant à la ferme.

Opérations culturales. — Les deux tiers de la parcelle avaient été défoncés en mars 1888 et fumés à raison de 30,000 kilos à l'hectare, le dernier tiers reçut, fin octobre, un labour profond de 0m25, et le 20 novembre, en même temps qu'une fumure à raison de 30,000 kilos, un deuxième labour profond de 0m15 ; à la même époque, la première partie du terrain fut également labourée à 0m15 ; la parcelle entière fut hersée fin novembre.

Époque des semailles. — 9, 10, 11 et 12 décembre, par une pluie fine, battant un peu la couche superficielle du sol.

Mode de semis adopté. — Semailles en lignes espacées de 0m15 environ ; les grains ont été placés à la main, à 8 et 10 centimètres environ et recouverts au râteau.

Quantité de semence employée. — J'estime à environ 280 grammes la quantité approximative semée par parcelle, soit par are 1 kilo 400 et par hectare 140 kilos.

Levée. — La levée a eu lieu généralement au bout de 18 à 22 jours pour les blés et de 9 à 12 jours pour les avoines et les orges.

Épiage. — Il s'est effectué du 15 au 25 avril pour les diverses variétés de blés ; pour les avoines et les orges, du 2 au 7 avril ; l'obligation dans laquelle je me suis trouvé de me rendre à Bône pour l'organisation du Concours général agricole ne m'a pas permis de suivre exactement la date de l'épiage de chaque variété.

Floraison. — La même cause m'a empêché de noter la floraison des diverses variétés.

Végétation. — La végétation s'est montrée très belle, très vigoureuse en général ; les avoines de Roumanie particulièrement présentaient entre toutes une végétation remarquable.

Sarclage. — Toutes les parcelles ont été sarclées dans la deuxième quinzaine d'avril.

Binage. — Toutes les parcelles ont été binées fin mai.

Maturité et moisson. — Les dates de maturité et de moisson sont indiquées, pour chacune des variétés, dans les tableaux joints à ce rapport. Dans la dernière quinzaine de juin, la végétation des avoines a été surprise par une chaleur sèche subite et de violents vents chauds qui ont précipité la maturation du grain et empêché son développement normal.

Observations. — L'examen des tableaux faisant connaître les rendements en grain et en paille, le poids de l'hectolitre de chacune des variétés récoltées permet les observations suivantes :

BLÉS

Les variétés ayant donné le plus haut rendement en grain sont : 1° le blé dur adjini Guelma, n° 29 ; 2° le blé dur beliouni Guelma, n° 31 ; 3° le blé dur adjini de l'Oued-Athménia, n° 33 ; 4° le blé dur schabatz de Serbie, n° 17 ; 5° le blé dur adjini de l'Oued-Athménia, n° 32 ; 6° le blé dur de Roumanie, n° 13 ; le blé dur Pauloswska de Russie, n° 12.

Les variétés indigènes sont donc celles ayant atteint le plus haut rendement en grain ; cette supériorité se traduit par une différence de 3 hectolitres 76 litres en faveur du blé dur adjini de Guelma, ayant donné 36 hectolitres 96 litres, alors que le blé dur de schabatz, de tous les exotiques ayant le plus produit, n'a donné que 33 hectolitres 20 litres.

Rendement en paille. — Le rendement en paille le plus élevé a été atteint, dans un ordre décroissant, par les variétés suivantes : 1° blé dur adjini de Guelma, n° 29, 2,980 kilos ; 2° blé dur adjini de Guelma, n° 28, 2,710 kilos ; 3° blé tendre de la République Argentine, 2,670 kilos ; 4° blé dur beliouni de Guelma, 2,630 kilos ; 5° blé dur schabatz de Serbie, n° 17, 2.580 kilos ; 6° blé dur adjini de l'Oued-Athménia, n° 32, 2,520 kilos ; 7° blé dur du Dakota Nord, n° 25, 2,420 kilos.

Le rendement le plus élevé en paille est donc atteint par un blé indigène.

Poids de l'hectolitre en grain. — Les variétés atteignant le poids le plus élevé à l'hectolitre sont les suivantes : 1° le blé dur adjini de l'Oued-Athménia, n° 32, 82 kilos 50 ; 2° le blé dur adjini de l'Oued-Athménia, n° 33, 81 kilos 75 ; 3° le blé dur adjini de Guelma, n° 29, 80 kilos 20 ; 4° le blé dur beliouni de Guelma, n° 30, 80 kilos 09 ; 5° le blé dur beliouni de Guelma, n° 31 ; au sixième rang, se trouvent placés : le blé dur adjini de Guelma, n. 28 ; le blé dur d'Angitza de Serbie, n° 15 ; le blé Paulowska de Russie, n° 12, tous trois avec un poids de 77 kilos 50 à l'hectolitre, le blé dur d'Espagne vient au huitième rang avec un poids de 75 kilos.

On remarquera que le blé dur de schabatz, placé au quatrième rang pour son rendement en grain, ne pèse que 62 kilos 50 à l'hectolitre.

Conclusions — Les blés indigènes ont atteint les rendements les plus élevés en grain et en paille ; leur poids à l'hectolitre est de beaucoup supérieur à celui des variétés étrangères placées dans les mêmes conditions de sol et de culture. Nous avons donc tout intérêt à les cultiver préférablement à tous les autres en nous efforçant de les améliorer par une sélection persévérante.

ORGES

Rendement en grain. — Les variétés d'orges ayant donné les rendements les plus élevés sont les suivantes : 1° orge Welcome, n° 16, 42 hectos 60 ; 2° l'orge noire de Roumanie, n° 15, 41 hectos 30 ; 3° l'orge du Transwaal, n° 7-2, 39 hectos 70 ; 4° l'orge de Sétif, n° 17, 39 hectos 40 ; 5° l'orge d'Espagne, n° 6, 38 hectos 56 ; 6° l'orge de Melbourne, n° 4-1, 37 hectos 46 ; 7° l'orge du Transwaal, n° 7-1, 37 hectos 20 ; 8° l'orge noire de Serbie, n° 10, 36 hectos ; 9° l'orge nue de Pologne, 34 hectos 26.

L'orge indigène ne vient ici qu'au quatrième rang.

Rendement en paille. — Les rendements les plus élevés sont fournis, dans un ordre décroissant, par les variétés suivantes : 1° l'orge de Welcome, 3,810 kilos ; 2° l'orge noire de Roumanie, 3,550 kilos ; 3° l'orge de Sétif, 3,220 kilos ; 4° l'orge de Pologne, 3,130 kilos.

La variété de Sétif n'est placée, on le voit, qu'au troisième rang.

Poids de l'hectolitre de grain. — Les variétés atteignant le poids le plus élevé sont : 1° l'orge nue de Pologne, n° 12, 69 kilos 25 ; 2° l'orge nue de Lithuanie, n° 13, 68 kilos ; 3° l'orge de la Nouvelle-Zélande, n° 3, 67 kilos 50 ; 4° l'orge de Melbourne, n° 4, 67 kilos ; 5° l'orge de Finlande, n° 9, 65 kilos ; 6° l'orge de Mersina, n° 18, 64 kilos 20 ; 7° l'orge de la Nouvelle-Zélande, n° 2, 64 kilos ; 8° l'orge de Sinope, n° 19, 63 kilos 75 ; au neuvième rang, se placent les orges de Sétif, Welcome, de Melbourne, 5-2, pesant 63 kilos ; le poids relativement faible des variétés de Sétif et Welcome est d'autant plus important à signaler, que ces orges ont atteint, avec la variété noire de Roumanie, le rendement le plus élevé ; cette dernière a donné un poids encore bien moindre, s'élevant seulement à 57 kilos 50.

Toutes les orges de Lithuanie, de la Nouvelle-Zélande, de Finlande, de Melbourne sont réellement remarquables par la beauté, la grosseur et la blancheur de leur grain.

J'estime qu'il y aurait grand intérêt à les introduire dans nos cultures et que leur acclimatation serait facile dans nos régions des Hauts-Plateaux.

AVOINES

Rendement en grain. — Les plus hauts rendements en grain sont atteints, dans un ordre décroissant, par les variétés suivantes : 1° avoine blanche de Finlande, cultivateurs n° 12, 50 hectolitres ; 2° avoine blanche du Transwaal, n° 17, 45 hectos 01 ; 3° avoine de Nisch (Serbie), n° 3, 44 hectos 70 ; 4° avoine noire de Roumanie, n° 16, 44 hectos ; 5° avoine noire de Finlande, marchands n° 14, 42 hectos 85 ; 6° avoine blanche du Transwaal, n° 18, 42 hectos 38.

Rendement en paille. — Ces variétés, que nous venons d'indiquer comme ayant atteint les plus hauts rendements en grain, ont également donné la production la plus élevée en paille.

Poids de l'hectolitre de grain. — Dans un ordre décroissant, les variétés pesant le plus à l'hectolitre sont : 1° les avoines du Transwaal, n°s 17 et 18, 50 kilos 25 ; 2° l'avoine de Thatchak (Serbie), n° 9, 46 kilos ; 3° avoine blanche de Finlande, cultivateurs n° 12, 44 kilos ; 4° avoine de la Nouvelle-Zélande, n° 1, 44 kilos ; 5° avoine de Nisch, n° 8, 42 kilos 70.

On remarquera que les avoines de Finlande, qui viennent en deuxième place pour leur rendement en grain, n'occupent plus que la quatrième pour leur poids à l'hectolitre ; l'avoine de Nisch, placée au troisième rang pour son rendement, vient au sixième pour son poids.

Conclusions générales. — De cet exposé et en jugeant sur les résultats obtenus dans le champ d'expériences de Constantine, il est permis de conclure :

1° Que l'agriculture algérienne est pourvue de variétés de blés durs d'une valeur supérieure telle, qu'elle n'a pas à en rechercher actuellement d'autres à l'Étranger et doit simplement s'efforcer d'augmenter cette valeur par une sélection raisonnée ;

2° Qu'un certain nombre d'orges étrangères sont supérieures à celles cultivées dans le pays et qu'il y aurait, par suite, intérêt dans beaucoup de circonstances, surtout pour le commerce de la brasserie, à introduire ces variétés étrangères dans nos cultures ;

3° Que certaines avoines, malgré des circonstances météorologiques peu favorables, ont cependant donné des rendements assez élevés pour qu'il soit permis de recommander à tous les agriculteurs d'augmenter dorénavant sans craintes leurs cultures de cette céréale en choisissant les meilleures variétés.

Le Professeur départemental d'Agriculture,
Directeur du Champ d'expériences,

TH. BAUGUIL.

CHAMP D'EXPÉRIENCES DE CONSTANTINE (Ferme des Chasseurs d'Afrique, Camp-des-Oliviers)

Nos d'ordre	NOMS DES VARIÉTÉS	ÉPOQUE DE LA MATURITÉ	RENDEMENT EN GRAINS par hectare en hectolitres	RENDEMENT EN PAILLE en kilos	POIDS DE L'HECTOLITRE en grains
1	Blé de la Nouvelle-Zélande	14 juillet	8h09l	710	63k »
2	id.	14 —	9 24	750	73 »
3	Blé de Melbourne	17 —	13 04	1.120	57 50
4	id.	13 —	5 53	450	67 75
5	Blé d'Espagne	14	24 66	2.110	75 »
6	Blé de Finlande	13 —	11 20	900	62 50
7	Blé Gerka d'hiver de Russie	16 —	4 16	310	60 »
8	Blé d'hiver de Russie	16 —	11 50	840	63 »
9	Blé Tourka de Russie	16 —	27 94	2.320	68 »
10	Blé d'hiver de Russie	16 —	14 83	1.190	67 40
11	Blé Gerka d'été	14 —	24 82	2.120	72 50
12	Blé Paulowska de Russie	16 —	30 06	2.3500	77 50
13	Blé de Roumanie	15 —	32 01	2.270	69 50
14	id.	15 —	4 44	320	67 50
15	Blé d'Angitza de Serbie	13 —	16 45	1.430	77 50
16	Blé de Kragoujevatz de Serbie	13 —	23 79	1.970	72 50
17	Blé de Schabatz de Serbie	14 —	33 20	2.580	62 50
18	Blé Tatagora du Japon	12 —	9 51	780	57 80
19	Blé tendre de la République Argentine	10 —	29 04	2.670	73 »
20	Blé tendre de l'Orégon	10 —	17 46	1.340	63 »
21	Blé tendre de Washington	13 —	9 86	810	73 50
22	Blé Schole white de l'Orégon	10 —	22 40	1.930	62 50
23	Blé dur du Dakota sud	15 —	24 82	2.070	70 50
24	Blé dur du Dakota nord	17 —	26 11	2.420	72 75
25	Blé Scotch Fife Dakota	12 —	13 79	1.240	72 50
26	Blé dur du Texas	12 —	11 94	870	62 75
27	Blé dur du Colorado	15 —	23 97	1.990	73 »
28	Blé dur Adjini de Guelma	14 —	29 67	2.710	77 50

CHAMP D'EXPÉRIENCES DE CONSTANTINE (Ferme des Chasseurs d'Afrique, Camp-des-Oliviers) *(suite)*

Nos d'ordre	NOMS DES VARIÉTÉS	ÉPOQUE DE LA MATURITÉ	RENDEMENT EN GRAINS par hectare en hectolitres	RENDEMENT EN PAILLE en kilos	POIDS DE L'HECTOLITRE en grains
29	Blé dur adjini Guelma, Guiraud	14 juillet	36h 96l	2.980	80k 20
30	Blé dur Behouni Guelma, Guiraud	13 —	27 59	2.370	80 09
31	Id.	13 —	34 23	2.630	78 75
32	Blé dur adjini Oued-Athménia, Lecavellier	12 —	33 03	2.520	82 50
33	Id.	12 —	33 62	2.490	81 75
	ORGES				
1	Orge de la Nouvelle-Zélande	1er juillet	30h 66l	1.430	65 »
2	Id.	1er —	16 45	12.10	64 »
3	Id.	1er —	31 85	2.480	67 50
4	Orge de Melbourne	3 —	37 46	2.780	67 »
5	Id.	2 —	33 44	2.650	63 »
6	Orge d'Espagne	30 juin	38 56	2.950	60 08
7	Orge du Transwaal	2 juillet	37 20	2.820	57 50
8	Id.	2 —	30 70	2.910	58 »
9	Orge de Finlande	4 —	20 50	1.730	65 »
10	Orge noire de Serbie	1er —	36 »	2.630	62 50
11	Orge du Japon	2 —	27 60	1.290	58 »
12	Orge nue de Pologne (Russie)	3 —	34 26	3.130	60 25
13	Orge de Lithuanie	3 —	33 70	2.420	68 »
14	Orge de Roumanie	2 —	27 50	1.210	60 »
15	Orge noire de Roumanie	1er —	41 30	3.550	57 50
16	Orge Welcome	3 —	42 60	3.810	63 »
17	Orge de Sétif	30 juin	30 40	3.220	63 »
18	Orge de Mersina	1er juillet	25 30	1.940	64 20
19	Orge de Sinope	1er —	28 40	2.280	63 75
	SEIGLES				
1	Seigle d'Espagne	8 juillet	32h 70l	3.480	72 50
2	Seigle de Finlande	9 —	10 »	1.320	67 50

CHAMP D'EXPÉRIENCES DE CONSTANTINE (FERME DES CHASSEURS D'AFRIQUE, Camp-des-Oliviers) *(fin)*

Nos D'ORDRE	NOMS DES VARIÉTÉS	ÉPOQUE DE LA MATURITÉ	RENDEMENT EN GRAINS par hectare en hectolitres	RENDEMENT EN PAILLE en kilos	POIDS DE L'HECTOLITRE en grains
	AVOINES				
1	Avoine blanche de la Nouvelle-Zélande	30 juin	28h 34l	2.640	44 »
2	Id.	30 —	39 45	3.420	38 »
3	Id.	30 —	35 31	2.060	42 50
4	Avoine de Melbourne	2 juillet	21 47	1.830	33 75
5	Id.	2 —	27 09	2.320	38 75
6	Id.	2 —	13 21	1.130	40 25
7	Id.	2 —	8 45	680	35 50
8	Avoine de Nisch (Serbie)	1er —	44 70	3.920	42 70
9	Avoine nue de Thatchak (Serbie)	1er —	26 63	2.130	46 »
10	Avoine noire de Wragna (Serbie)	1er —	18 93	1.660	33 »
11	Avoine de Russie	4 —	18 41	1.720	38 80
12	Avoine blanche de Finlande, cultivateurs	3 —	50 »	4.330	44 »
13	Id. marchands	3 —	31 17	2.970	38 50
14	Avoine noire de Finlande, marchands	2 —	42 85	3.810	38 50
15	Id. cultivateurs	2 —	27 77	2.410	40 50
16	Avoine noire de Roumanie	3 —	44 »	3.800	40 »
17	Avoine blanche de Transwaal	1er juin	45 91	4.220	50 25
18	Id.	1er —	42 38	3.710	50 25

CHAMP D'EXPÉRIENCES D'EL-KSEUR

Directeur et propriétaire : M. CHOUILLOU, Président du Comice agricole de Bougie

ESSAIS D'ENGRAIS SUR LA VIGNE

	Production à l'hectare	Production à l'hectare
	Quintaux	Quintaux
1. 3 lignes témoin, sans engrais	»	144
3 lignes avec 400 kilos sulfate potasse, 400 kilos nitrate de soude, 400 kilos superphosphate de chaux, 200 kilos sulfate de fer..............	169	»
2. 3 lignes témoin, sans engrais	»	153
3 lignes avec 400 kilos sulfate de potasse, 400 kilos nitrate de soude, 400 kilos superphosphate de chaux, 400 kilos sulfate de fer	159	»
3. 3 lignes témoin, sans engrais	»	127
3 lignes avec 250 kilos sulfate d'ammoniaque......................	136	»
4. 3 lignes témoin, sans engrais	»	142
3 lignes avec 400 kilos superphosphate de chaux.....................	129	»
5. 3 lignes témoin, sans engrais	»	139
3 lignes avec 200 kilos superphosphate de chaux.....................	124	»
6. 3 lignes témoin, sans engrais	»	114
3 lignes avec 400 kilos sulfate de potasse et 200 kilos sulfate de fer ...	136	»
7. 3 lignes témoin, sans engrais	»	121
3 lignes avec 400 kilos sulfate de potasse et 400 kilos nitrate de soude.	130	»
8. 3 lignes témoin, sans engrais	»	130
3 lignes avec 400 kilos sulfate de potasse, 400 kilos nitrate de soude et 400 kilos superphosphate de chaux.	147	»
TOTAL.........	1.130	1.070

Total de la production dans les lignes témoin : 1,070 quintaux.

Total de la production dans les lignes pourvues d'engrais, 1,130 quintaux.

Moyenne de la production dans les lignes témoin : 133 quintaux 75 kilos.

Moyenne de la production dans les lignes ayant reçu l'engrais varié : 141 quintaux 25 kilos.

N. B. — Les lignes étaient de 20 pieds chacune, soit 60 pieds fumés avec chaque engrais.

Les résultats obtenus ne sont pas ceux que l'on attendait ; les expériences seront continuées en 1891.

Le Directeur,

A. Chouillou.

COMICE AGRICOLE DE SÉTIF

CULTURES EXPÉRIMENTALES DE POMMES DE TERRE

(1890)

Numéros d'ordre	NOMS DES VARIÉTÉS		SEMENCES par hectare	PRODUIT par hectare	OBSERVATIONS
1	Magnum bonum	Semence de Vilmorin	10 00	90 00	Planté le 28 avril 1890, sans fumure, récolté le 27 octobre.
2	Richters impérator	—	11 00	86 50	—
3	Saucisse rouge	—	11 00	121 60	—
4	Canada	—	10 00	71 00	—
5	Institut Beauvais.......	—	10 00	62 00	—
6	Prince de Galles.......	—	9 00	29 00	—
7	Caillou blanc...........	—	9 00	28 00	—
8	Farineuse rouge........	—	11 00	66 00	—
9	Merveille d'Amérique...	—	10 00	61 00	—
10	Eléphant blanc.........	—	10 00	111 00	—
11	Rouge de Laissus......	—	10 00	102 00	—
12	Champion...............	—	9 00	92 00	—
13	Bonne Wilhelmine......	—	7 00	73 50	—
14	Early rose..............	—	10 00	71 00	—
15	Quarantaine de la Halle	—	8 50	43 00	—
16	Pousse-debout	—	11 00	55 00	—
17	Violette Garant.........	—	10 00	74 00	—
18	Institut Beauvais.......	Semence de Sétif	12 00	92 00	—
19	Richters impérator	—	12 00	51 50	—
20	Eléphant blanc.........	—	12 00	51 00	—
21	Magnum bonum........	—	7 00	65 00	—
22	Quarantaine violette....	—	6 00	69 00	—
23	Merveille d'Amérique...	—	9 00	90 60	—
24	Farineuse rouge........	—	10 00	53 00	—
25	Chardon................	—	8 50	41 00	—
26	Marjolaine	—	8 00	26 00	—
27	Quarantaine de la Halle.	—	12 60	62 50	—
28	Early rose.............	—	12 00	24 00	—
29	Champion	—	8 50	42 00	—
30	Quarantaine de la Halle.	—	10 00	63 00	—
31	Rouge Talabot	—	10 00	95 00	—
32	Rouge Talabot, avec 1,000 kilogr. d'engrais Schlœsing	—	10 00	112 00	—

Terres substantielles, argilo-calcaires, fortes. Point d'engrais, sauf la *dernière parcelle*. On a donné, dans le courant de l'été 1890, trois irrigations et trois binages ou buttages. — Les arabes ont volé des pommes de terre à plusieurs reprises, malgré un gardien armé; certaines expériences ont dû en être plus ou moins faussées. Pour cette même raison, plusieurs expériences n'ont pu être signalées dans ce tableau, la proportion volée ayant été trop considérable.

Le Directeur du Champ d'essai,

G. Ryf.

CONSTANTINE. — IMPRIMERIE ADOLPHE BRAHAM.

www.ingramcontent.com/pod-product-compliance
Lightning Source LLC
LaVergne TN
LVHW050459160826
845677LV00003B/841
9782329671734